高效种植关键技术图说系列

图说温室番茄高效栽培关键技术

主 编

王久兴　曹志刚

编著者

王久兴　曹志刚　赵桂娟

贺桂欣　程校云　高彦会

杨桂元　孙会军　张洪容

孙成印　齐福高　李洪涛

金盾出版社

内 容 提 要

应广大农民朋友的要求,金盾出版社与部分农业专家、教授共同策划,约请具有丰富生产实践经验的技术人员参加编写,出版了"高效种植关键技术图说系列"图书。系列图书以彩图、线条图与文字相结合的形式,着重介绍了高效种植的关键技术。

本书由河北科技师范学院教授和一线生产技术人员共同编著,以图文结合的形式介绍了日光温室番茄高效栽培的各项关键技术,包括温室的设计与建造,番茄新优品种,温室越冬茬、冬春茬、秋冬茬番茄栽培管理技术,主要病虫害的诊断与防治方法等。本书具有重点突出、科学实用、形象直观的特点,适合广大菜农和基层农业技术推广人员阅读,也可供农业院校有关专业师生阅读参考。

图书在版编目(CIP)数据

图说温室番茄高效栽培关键技术/王久兴,曹志刚主编. —北京:金盾出版社;2005.6

(高效种植关键技术图说系列)

ISBN 978-7-5082-3577-6

Ⅰ. 图… Ⅱ. ①王…②曹… Ⅲ. 番茄-温室栽培-图解
Ⅳ. S626-64

中国版本图书馆 CIP 数据核字(2005)第 025343 号

金盾出版社出版、总发行

北京太平路 5 号(地铁万寿路站往南)
邮政编码:100036 电话:68214039 83219215
传真:68276683 网址:www.jdcbs.cn
封面印刷:北京精美彩印有限公司
正文印刷:北京百花彩印有限公司
装订:北京百花彩印有限公司
各地新华书店经销
开本:787×1092 1/32 印张:2.625 字数:37 千字
2009 年 7 月第 1 版第 4 次印刷
印数:29001—37000 册 定价:11.00 元

目　　录

一、温室设计与建造

（一）设 计

1.方位角　日光温室都是坐北朝南，东西延长，建造时要根据温室的不同用途，偏东、偏西或朝向正南。华北平原南部气候较温和，通常采用南偏东5°～10°的方位角，每偏东1°，太阳光线与温室延长方向垂直的时间就提前4分钟。由于蔬菜上午的光合作用比下午旺盛，所以，偏东有利于早接受阳光，从而延长上午的光照时间，提高光能利用率。但在北方寒冷地区，应采用南偏西5°～10°的方位角，蔬菜上午的光合作用不会受到影响，而每天下午覆盖草苦的时间却向后推迟了20分钟以上，使温室可以接受更多的光能，积蓄热量，提高翌

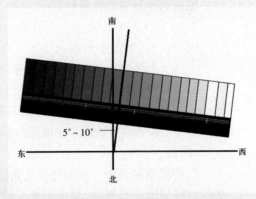

图1-1　北方寒冷地区温室方位角示意图

日日出前的最低温度，避免蔬菜受冻。尤其是对保温性较差的温室来讲，偏西建造至关重要（图1-1）。

2.温室间距　在太阳高度角最小的冬至节的中午，后排温室不能被前一排温室遮荫，并在温室前留出一段距离不被遮荫，因为阴影中的土壤温度低，会降低后排温室内的土

壤温度,留出一定距离还可保证中午前后较长一段时间后排温室不被遮荫。因此,计算时,要在阴影长度的基础上加上一个修正值K(1~3米),K的具体大小可根据情况自定,K值大,后排温室光照好,但土地利用率低,K值小,土地利用率高,但后排温室光照相对较差(图1-2)。

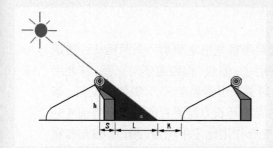

图1-2 温室排间距

温室间距计算公式是:

$$L_0 = L + K = h/tg\ \alpha - S + K。$$

式中:L_0为温室间距;

L为冬至节中午前排温室阴影长度;

h为前排温室加草苫高度;

tg α为当地冬至正午太阳高度角的正切值;

S为温室最高点的地面投影到温室后墙外侧的距离。

3.前屋面采光角 前屋面采光角指的是前屋面某点圆弧的切线与地面的夹角。根据阳光入射角不大于40°~45°的原则,温室的前屋面采光角应在18°以上(图1-3)。一

图1-3 温室前屋面采光角与入射角、太阳高度角的关系

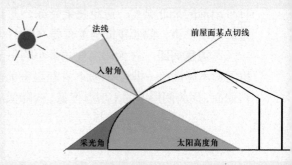

般的温室，即使是前屋面的后部，其采光角度一般也能达到 18°以上。

4.前后屋面地面投影比　前后屋面的地面投影比是指温室前后屋面相接处在地面上的投影至温室前沿的距离，与该点至温室后墙内侧的距离之比。前屋面面积大的温室采光好，晴天升温迅速，但保温性能差，在严冬季节难以生产喜温蔬菜；后屋面的主要作用是贮热和保温，后屋面面积大，虽然土地利用率较低，但温室保温能力强，在严冬季节可生产喜温蔬菜。地面投影比间接地反映了前、后屋面的相对面积大小，因此，通过前、后屋面的地面投影比可以估测出温室采光和保温性能（图1-4）。种植者可根据当地地理纬度和茬次确定投影比（表1-1）。

图1-4　前后屋面地面投影比示意图

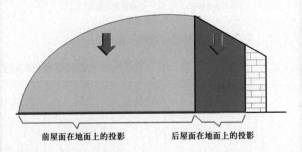

前屋面在地面上的投影　　　　　后屋面在地面上的投影

表1-1　不同地理纬度和茬次的投影比

纬 度 茬 次	北纬34°	北纬37°	北纬40°	北纬43°
秋冬茬或冬春茬	8∶1	7∶1	6∶1	5∶1
越冬茬	7∶1	6∶1	5∶1	4∶1

一些前屋面很长的温室，虽然栽培面积，但保温性能差，生产季节受到限制，蔬菜易遭受冻害。改造时，在不改动后屋面和后墙的前提下，可将温室前屋面缩短。

5.**综合结构参数** 即温室前屋面的地面投影、高度、后屋面地面投影三者之比。这一参数将温室的采光和保温性能结合起来考虑，前屋面与高度的比例，反映了温室的前屋面采光角度；前、后屋面地面投影比反映了温室的保温性能。确定了综合结构参数，温室的基本形状就确定了（图1-4，图1-5，表1-1，表1-2）。

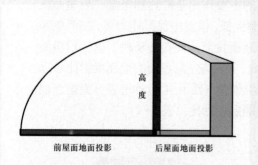

图1-5 温室综合参数示意图

表1-2 不同纬度地区的综合结构参数

地理纬度	北纬34°	北纬37°	北纬40°	北纬43°
综合结构参数（越冬茬温室）	7：3：1	6：2.8：1	5：2.4：1	4：2：1

6.**后屋面的长度和仰角** 后屋面对保温至关重要，后屋面内侧长度应在1.5米以上，如果短于1米，温室冬季最低温度很可能会低于5℃的极限，不能保证喜温蔬菜越冬。后屋面还起着积蓄热量的作用，白天吸收光能，夜间放热。只要不超过45°，后屋面仰角越大越好，以利于阳光照射到后屋面内侧（图1-6）。

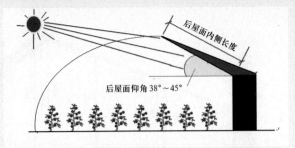

图1-6 后屋面仰角示意图

后屋面内侧长度

后屋面仰角 38°～45°

7. 后墙高度与墙体厚度 温室的墙体除起着保温作用外，更重要的是起着贮存阳光热量的作用。当夜间温室气温降低时，会和地面土壤一样向外放热，因此墙体要有一定的厚度和高度，才能保证足够的保温贮热的能力。如果建造土墙，厚度应在1米以上，如果是砖墙，至少应为3层砖，每层12厘米，中间加空心；或内侧一层为12厘米厚的砖墙，外侧一层为24厘米厚的砖墙，中间填土50厘米厚，以提高墙体保温贮热能力（图1-7）。

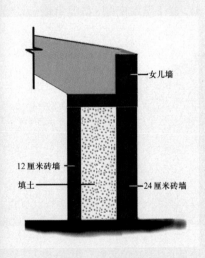

女儿墙

12厘米砖墙
填土
24厘米砖墙

图1-7 复合墙体结构示意图

（二）建　造

1. 土墙竹木结构温室 这种温室采用挖土堆墙的方式筑墙，用竹竿或木杆作立柱，用竹竿和竹片作拱，造价低廉，保温性好。图1-8为山东寿光市的温室，供种植者参考。

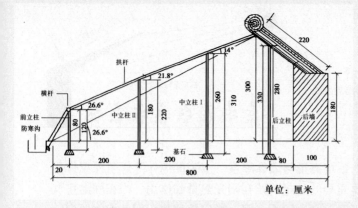

图1-8 山东寿光市竹木温室结构

单位：厘米

（1）墙体　确定地块并放线定位，然后用推土机将表层20厘米深度范围内的土壤移出，置于温室南侧，待温室墙体建成后再回填。用挖掘机挖土堆温室的后墙和侧墙，然后碾实。土墙底部宽度3～4米，顶部宽1.9米，后墙内侧高2.2米以上（图1-9）。

图1-9　用挖掘机堆成的温室墙体

墙体堆好后，用挖掘机将墙体内层切削平整，并将表层土壤回填。这样建成的墙体很厚，在温室的后墙上面，可以推着双轮手推车自由行走。墙体的土壤经过碾压，一般不会脱落（图1-10）。万一雨季后屋面进水，土墙坍塌，可用装满土的聚酯纤维袋将坍塌处临时修复，纤维袋在阳光下容易老化，其外最好加覆盖物（图1-11）。

图1-10 温室墙体内侧,即使在高湿条件下表土也不会脱落

图1-11 用装满土的聚酯纤维袋修复土墙坍塌处

　　土墙温室之所以容易损毁,主要是由于墙体不能抵抗雨水的冲刷,为此,可将从温室上撤下来的废旧薄膜覆盖在后屋面和后墙外面,其上再压土,以防被风刮走,此法可保证温室使用多年而不损毁(图1-12)。

图1-12 覆盖薄膜保护后墙及后屋面

（2）后屋面　在后墙上垫一层砖，其上摆放木椽子或水泥椽子，椽子的前端搭在脊檩上。椽子上面铺一层废旧塑料薄膜、一层玉米秸，再覆盖一层薄膜，然后覆土，两层薄膜将玉米秸包住（图1-13）。

图1-13　水泥椽子后屋面

脊檩由水泥柱支撑，由于后墙下宽上窄，有一定坡度，致使立柱的下端几乎紧挨后墙，立柱前面就是水沟兼行走通道。由于墙面有一定坡度，虽然后屋面较长，也不至于对温室后部的番茄遮荫，且这种有坡度的后墙对吸收和贮存阳光热量更为有利（图1-14）。

图1-14　有一定坡度的后墙使后屋面对蔬菜不造成遮荫

（3）前屋面　前屋面下有3排立柱，立柱上沿东西方向安装竹竿作拉杆，拉杆上按50～60厘米间距排放竹竿、竹片作拱架。如果每排立柱的柱与柱间距过大，可能不足以支撑拉杆，此时可在水泥立柱之间添加竹竿作支柱，用铅丝将竹竿支柱和拉杆绑在一起（图1-15）。

图1-15　温室前屋面

最南一排立柱最低矮，略向南倾斜。每道拱架的前端均为竹片，以便于弯折，将竹片与竹竿绑在一起（图1-16）。

由于是半地下式温室，温室前沿势必有一面裸露的土壁。低温季节，温室薄膜内层的水滴会沿薄膜的自然坡度流到温室南端，并渗入到这道土壁，因而提高了空气湿度，

图1-16　温室前屋面前端

容易导致病害蔓延，可在土壁上覆盖一层薄膜防止水气蒸发，效果很好（图1-17）。

图1-17　在温室前沿的土壁上覆盖薄膜

（4）薄膜　一般的温室要有两道放风口，但北纬39°以北地区用于栽培越冬茬番茄的温室最好不留前部的放风口，这样可提高温室温度，更重要的是，如果温室前端留有放风口，薄膜内侧的水滴流到此处就不能继续向南流到地面上，会从此处滴落到叶片或土壤上，引发病害。薄膜边缘要包埋一根竹竿或一条尼龙绳，防止薄膜弯曲，关闭放风口时就可以关严。另外，还要用绳子将薄膜固定在后屋面上，防止薄膜滑动（图1-18）。

图1-18　薄膜的固定方法

薄膜的两端卷入竹竿或竹片，用铅丝拉住，铅丝下端绑上石头，埋入地下，如有可能，最好用薄膜将墙体多包住一些，以提高温室的保温性能（图1-19）。

图1-19　薄膜的固定方法

（5）拔风筒　可在温室顶部应每隔3米设置一个拔风筒（图1-20），以"降湿不降温"。用塑料薄膜粘合成的袖筒状塑料管，下端与温室薄膜粘合在一起，上端边缘包埋一个铁丝环，铁丝环上连接细铁丝或线绳，筒内有一根竹竿通到温室内，支起竹竿可通风，放下竹竿并稍加旋转可闭风（图1-21）。拔风筒的作用与烟囱类似，可通过"拔风"作用将温室内的湿热空气排出，降低空气湿度，但温室气温却不会像拔缝放风那样大幅度降低，也不会有

图1-20　拔风筒

图1-21 从温室外面
看到的拔风筒关闭状态

强冷风吹入造成"闪苗"。使用拔风筒的温室，前部要留一
道放风口，以便在高温期降温。

（6）草苫 温室前屋面要覆盖一层半到两层草苫，而
且草苫的质量要好，不能太薄。温室内前部空间距离后墙
远，越靠南的部位温度越低，如果在放下草苫后，在草苫外
面再围一层草
苫，这样，在出
现寒流或极端低
温时，对维持温
室温度十分有效
（图1-22）。

图1-22 温室前
端的"围裙"

初夏从温室上卸下草苫要充分晒干，再码放好，草苫
外覆盖塑料薄膜防雨，这样可保证草苫使用4～5年，而且

以第二年的草苫保温效果最好。

2.土墙钢筋结构温室 这种温室采用土墙和钢筋拱架，温室内没有立柱，便于田间操作，温室架材遮光减轻。温室宽6.6米，高3.5米，墙体基部厚3米以上，后墙内部高2.8米（图1-23）。

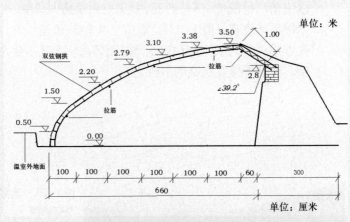

图1-23 土墙钢筋结构温室结构图

（1）墙体 土墙的建造方法如前所述，用挖掘机挖掘、切削，用推土机碾压（图1-24）。土墙建好后，在留门的位置挖掘出一个缺口，用砖砌门。

图1-24 上窄下宽的土墙

（2）拱架　用钢筋焊接成双弦拱架，两弦之间采用"工"字形支撑形式，这种结构形式比采用"人"字形支撑形式成本低。但处于后屋面部位的拱架所承受的压力大，应采用"人"字形支撑形式，从而保证结构的坚固性。在温室的土后墙上砌6~7层砖，拱架的后端固定在砖墙之中。在温室前沿挖浅坑，下垫砖石，拱架的前端插入其中，并倒入水泥砂浆浇筑（图1-25）。温室上共有5~6道拉筋，将拱架连成一体，保证拱架在风、雪、雨等恶劣天气不致左右倾倒。拉筋焊接在拱架的下弦之上。

图1-25　温室双弦拱架

（3）后屋面　固定好钢拱架后，开始建造后屋面，先在拱架上铺一层废旧的塑料薄膜，防止温室内的湿气进入后屋面内部，引发填充物腐烂。薄膜上铺整捆的玉米秸，平均厚度50厘米以上，玉米秸外覆盖废旧的塑料薄膜，然后覆土（图1-26）。外层的薄膜一定不能省略，否则一到雨季后屋面就会进水，严重时会引起后屋面塌陷。

（4）薄膜　通常温室要覆盖三幅薄膜，留上、下两个通风口，但这样的温室病害严重，应采用两幅膜覆盖技术，

图1-26 后屋面外铺一层薄膜后覆土

只留温室顶部一个通风口，下部不留通风口，5月份温度升高后，在上部通风口处铺一层防虫网，防止外界的白粉虱、棉铃虫等害虫进入温室。采用两幅膜覆盖方式的温室病虫害相对较轻。如果进行越夏栽培，只需将薄膜前部埋入地下的部分拉出，形成"天棚"即可，此时，薄膜所起的作用是遮荫而不是升温（图1-27）。

图1-27 两幅膜覆盖方式

（5）卷帘机 温室卷帘机有多种类型，较常用的是一种折臂式卷帘机，折臂由铁管焊接而成，可以像人的手臂

一样折曲，基部固定在温室南侧的基座上（图1-28），另一端为电动机和减速器（1-29），电动机和减速器带动传动杆转动，可完成草苫的揭放。

图1-28　折臂式温室卷帘机

图1-29　首部的电动机和减速器

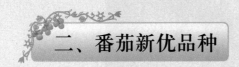

二、番茄新优品种

（一）大果型番茄

大果型番茄分为有限生长型和无限生长型两类，为延长结果期，日光温室栽培大果型番茄多采用无限生长型品种。

1. 佳粉18号　国家蔬菜工程技术研究中心培育。果实粉红色，硬肉，单果重200克左右，货架期长，耐贮运。高抗叶霉病和ToMV病毒病，适宜温室各茬栽培（图2-1）。供种单位：北京海淀区板井国家蔬菜工程技术研究中心京研种苗销售部（北京2443信箱），电话：010-51503045，邮编：100089。

图2-1　佳粉18号

2. 佳红5号　国家蔬菜工程技术研究中心培育。中熟，果实中等大小，浓红色，果实较硬，抗裂性强，成串采收，单果重150克，果形圆正均匀，成熟果实亮红润泽，商品性好。耐长期贮藏和长途运输。高抗叶霉病和ToMV病毒病，适宜温室各茬栽培（图2-2）。

图2-2　佳红5号

3.亚德红都　中熟，耐热性强，适宜温室越冬茬长季节栽培。中型果，每个果穗可坐果5～6个。果实浓红色，果肉厚，果腔小。搬运过程中不易涨果，且十分耐贮藏（图2-3）。供种单位：天津市河北区江都路华驰大厦516室天津亚德农业科技发展有限公司，电话：022-24568973，邮编：300250。

图2-3　亚德红都

4.吉粉4号　中熟品种，生长势强。果实近圆形，果色浓红色，单果重220克左右。果实较硬，耐贮运，商品果率高，适于日光温室栽培，晚熟上市，耐中远途运输（图2-

4)。供种单位：长春市大马路2261号吉林省蔬菜花卉科学研究所，电话：0431-8651480，邮编：130041。

图2-4　吉粉4号

5.国翠3号　粉红果，果实高球形，无绿后，表面光滑发亮。单果重200克，大的可达350克。基本无畸形果。皮厚肉多，耐贮运。风味佳，含糖量高。高抗病毒、枯萎病。在较低的温度下坐果率高，果实膨大快。适宜温室各茬栽培（图2-5）。供种单位：西安市纺织城91号西安灞桥种苗公司，电话：029-83522917，邮编：710038。

图2-5　国翠3号

6.朝研99-12　中早熟，果色粉红，色泽鲜艳。风味酸甜适口，果脐小，果肉厚，果实大而整齐，一般单果重

250～300克，抗病性强，尤其耐低温弱光，不易发生畸形果，最适宜温室冬春茬栽培（图2-6）。供种单位：辽宁省朝阳市友谊大街2段24号朝阳市蔬菜研究所，电话：0421-2806045，邮编：122000。

图2-6　朝研99-12

7.斗牛士C₆　国际流行长货架成串采收番茄，高秧多穗，单株结果20穗。坐果率高，转色快，扁圆形，鲜红艳丽，单果重150～200克。极耐贮运，果肉厚，硬度好，不易裂果。高抗病毒病、早晚疫病。耐低温弱光，耐高温（图2-7）。供种单位：沈阳货河北大街1号友谊办公楼爱绿土种业有限公司，电话：024-86150303，邮编：110034。

图2-7　斗牛士C₆

8.粉皇后　果实大，单果重200克，果面粉红色。果形整齐，连续结果能力强，品质好。抗病毒病、早疫病和枯萎病。每667平方米产量8 000千克（图2-8）。供种单位：河南省许昌市许丰瓜菜研究所，地址：许昌市文峰路南段新许路1号，邮编：461100，电话：0874-5134138。

图2-8　粉皇后

9.川岛雪红　温室专用品种，早熟，果实高圆形，果皮厚而坚韧，果肉厚，果面粉红色，色泽亮丽，单果重300克左右，抗温室的叶霉病和筋腐病，每667平方米产量10 000千克，耐低温弱光（图2-9）。供种单位：吉林省梅河口市中国曹氏种业公司，电话：0448-4247456，邮编135000。

图2-9　川岛雪红

10.莎龙 整齐一直，抗病高产，品质优良，室温贮藏20天以上。大型红色果实，果形圆正，整齐，单果重180~200克，可溶性固形物含量5%以上，抗病高产，耐贮运，适宜温室越冬栽培（图2-10）。供种单位：青岛市农业科学研究院新技术开发公司，电话：0532-7899084。

图2-10 莎龙

11.浙杂205 中早熟，综合抗病性强，适应性广，抗逆性好。果实肉厚坚实，色泽鲜艳，有光泽，单果重160~220克。耐贮运，货架期长，非常适合长途运销。连续坐果能力强，产量高，适宜温室长季节栽培（图2-11）。供种单位：浙江省杭州市石桥路198号浙江农科院园艺所，邮编310021，电话：057-86400997。

图2-11 浙杂205

12.浙杂207　　浙江省农科院园艺研究所培育。抗病、优质、高产的大红果品种。中早熟。高抗叶薯病，病毒病和枯萎病。果实高圆，鲜红色，单果重300克左右。商品性好，耐贮运。产量高，适应性广，抗逆性强。可春、秋、冬季栽培，是长途运销的理想品种。

图2-12　浙杂207

13.合作918　　中早熟，粉红果，果形圆整，硬度大。每667平方米产量8200千克，平均单果重220～250克。果实整齐，畸形果少，裂果少。高抗叶霉病，商品率高，耐贮运，适宜温室栽培（图2-13）。供种单位：上海市真北路2195号上海长征良种实验场，电话：021-52790682，邮编：200333。

图2-13　合作918

（二）樱桃番茄

1. 京丹5号　国家蔬菜工程技术研究中心培育的一代杂种，无限生长型，生长势强。中熟偏早。8～9片叶时着生第一花序。成熟果实亮丽红润，长椭圆形，单果重8～12克。糖度高，酸甜适中，香味浓郁，抗裂果。较抗叶霉病、青枯病。适宜温室各茬栽培（图2-14）。供种单位同前。

图2-14　京丹5号

2. 圣　女　台湾农友种苗公司培育，无限生长型，早熟，植株高大，叶片较稀疏。每个花序最多可结果60个，单果重14克。果实椭球形，似枣，果面红亮，含糖量10%，果肉多，脆嫩，种子少，不易裂果，风味好。耐热、耐病毒病、叶斑病、晚疫病，特别耐贮运。适于全国各地露地和保护地栽培（图2-15）。种子各地有售。

图2-15 圣 女

3.金 珠　台湾农友种苗公司育成的一代杂种，属无限生长类型。早熟。植株高。播后75天可采收。结果力强，一穗可结16～70个果。双干整枝时可结果500个以上，单果重16克。果实呈圆球形至高球形，果色橙黄亮丽。风味甜美，含糖量达10%，果实稍硬，裂果少。适应性广，可在全国各地进行露地或保护地栽培(图2-16)。种子各地有售。

图2-16　金 珠

三、番茄栽培管理技术

（一）茬口安排

1.秋冬茬 6月下旬至7月上旬在露地搭防雨棚播种育苗，7月下旬至8月上、中旬定植，9月上旬到10上旬开始采收，元旦前后植株不能忍受温室低温时拉秧。

秋冬茬番茄苗期和栽培前期正处高温强光季节，病虫害严重，所以本茬栽培关键是防高温、防病虫。选用无限生长、耐热抗病、适应性较强的品种，如百利、双抗2号、毛粉802、沈粉3号、辽粉杂3号、西农72-4、佳粉15号等。

2.冬春茬 秋冬茬番茄拉秧后栽培冬春茬，进入12月即可播种育苗，于1月中下旬至2月上旬定植，3月下旬至4月上中旬开始收获，到6月下旬至7月上旬结束。

冬春茬番茄生长期长，苗期和栽培前期处于低温弱光环境中，植株易徒长，易受低温危害，花芽分化也不好，所以应选用无限生长型且耐低温、弱光、高湿和不易徒长的品种，如果定植期较晚，为早上市，也可采用有限生长型品种，但有限型品种总产量低，5月份以后温度升高易早衰染病。常用的品种有百利、佳粉17号、佳粉15号、中杂8号、中杂9号、毛粉802、浦红7号、一串红等。

3.越冬茬 9月上旬至10月中旬播种，10月下旬至11下旬定植，1月份开始采收，6月中下旬拉秧，生长期历时9～10个月。各地根据气候差异和种植习惯，其育苗期和定植期略有不同。夏季可除去薄膜，种植一茬玉米或菜花，种植玉米可吸收温室土壤中多余的氮肥，有利于预防土壤盐渍化（图3-1）。

该茬番茄栽培期长，前期处于低温、弱光环境，易受低温危害，后期高温高湿，易受病虫侵染，所以应选用耐低温、耐弱光和抗病虫能力的无限生长型番

图3-1　越冬茬番茄拉秧后种植一茬玉米

茄品种，如保冠1号、百利、修女、佳粉18号、毛粉802等。

(二)秋冬茬番茄栽培管理技术

1.育 苗

(1)营养钵育苗方式

①种子处理　种子消毒前先把种子在水中浸泡10分钟左右，除去漂浮在水面上的瘪籽，然后用温汤浸种或药剂浸种消毒。

温汤浸种：用两份开水一份凉水混合成约55℃的温水（图3-2），将种子倒入其中，不停地搅拌，保持这一温度10~15分钟，如果消毒过程中水温降低，

图3-2　调配55℃左右的温水

需补入热水（图3-3）。到预定时间后倒入凉水，使水温降至30℃，在此温度下再浸种6小时。

图3-3 用热水进行种子消毒

药剂浸种：在叶霉病、早疫病等真菌性病害严重的地区，可用福尔马林100倍液浸种10~15分钟。如果病毒病发生严重，可用10%磷酸三钠溶液或2%氢氧化钠溶液浸种20分钟，以钝化番茄花叶病毒的作用。药剂浸种后用清水洗净种子，于30℃温水浸种6小时后再进行催芽。

催芽：浸种后将种子捞出，用干净的湿毛巾或湿纱布包好，甩干水滴，置于陶瓷或塑料容器内，在20℃~28℃的环境下催芽，开始温度以25℃~28℃为宜，后期温度以20℃~22℃为宜。在催芽过程中，每天用清水冲洗1~2次，洗去催芽过程中从种子里渗出的黏液，并让种子呼吸透气，以防霉烂。当种子"破嘴"，露出白色胚根时即可播种（图3-4）。如果已经长出胚根又不能及时

图3-4 种子长出白色胚根后即可播种

播种，可将发芽的种子置于低温环境下，甚至放在冰箱中，迟滞其生长速度。

②配制营养土　用大田土、充分腐熟的有机肥、少量化肥及杀菌剂配制营养土。大田土占60%～70%，从栽培小麦、玉米等大田作物且肥沃、无病虫害污染的地块取土，如果从菜地取土，则以大葱、大蒜地的土壤为好。营养土中有机肥占30%～40%，用马粪或堆肥、厩肥，其中以马粪的透气性和保水性最好。有机肥要在育苗前5个月开始沤制，忌用生粪。混配前，大田土和有机肥要分别过筛（图3-5）。

图3-5　有机肥和大田土要分别过筛

为提高营养土肥力，每立方米营养土加氮磷钾复合肥2千克的量掺入化肥，每立方米营养土中还应掺入50%多菌灵或其他杀菌剂80～100克（图3-6）。如

图3-6　营养土中应掺入少量化肥和杀菌剂

果有条件，每立方米营养土中再掺入10千克草炭，效果更好。确定了各种添加物的用量后，按比例将大田土和有机肥充分混合，边混合边撒入化肥和杀菌剂，然后倒堆两遍，以确保混匀（图3-7）。

图3-7 将各组份掺在一起，倒堆混匀

③装钵 向钵内装营养土，营养土表面要距离钵沿2～3厘米，以便浇水时能存贮一定水分（图3-8）。选在地势较高、排水良好的地块做苗床，苗床宽度1～1.5米，床面要平整，苗床四周做畦埂。在畦埂外挖排水沟，播种后搭防雨棚遮荫防雨。将营养钵整齐地摆放在苗床内，相互挨紧，钵与钵之间不要留空隙，以防止营养钵下面的土壤失水。

图3-8 装钵

④播种 播种前要浇足水,先从苗床的侧面向营养钵下面的土壤灌水,然后从营养钵上面一个钵一个钵地浇水,浇水量要一致,使幼苗生长整齐一致。水渗下后,先不要播种,而是放置半天,再按钵浇1次小水,确保营养土充分吸水,然后播种(图3-9)。将种子平放在营养钵中央,随播种随覆潮湿的营养土,形成2~3厘米厚的圆土堆(图3-10)。

图3-9 一个钵一个钵地浇水

图3-10 覆 土

⑤苗期管理 在苗床上搭拱棚,覆盖防虫网、遮阳网,遮光降温,防止害虫侵袭,只要防虫网覆盖严密,就基本没有虫害,但应注意防治病害。暴雨来临时应及时加盖塑料膜,雨后揭除。如果不覆盖防虫网、遮阳网,只覆盖废旧薄

膜,平时防雨棚的四周要揭开,防止形成高温环境,下雨时要盖严(图3-11)。

图3-11 搭拱棚并覆盖薄膜防雨

　　苗期要防干旱,保持营养土见干见湿,若缺水就要及时浇水。发现病害及时喷药,为防止日后病毒病发生,可在苗期喷洒植病灵或病毒A。为防止幼苗徒长,可于2~3片真叶时叶面喷洒0.05%~0.1%的矮壮素或0.15%~0.2%的磷酸二氢钾溶液2~3次。苗龄约30天左右,叶片5片左右即可定植(图3-12)。定植前一天要浇水。

图3-12 定植前幼苗的状态

（2）经过分苗的育苗方式

　　①播种　用平底育苗盘作育苗容器,用少量大田土和有机肥配制营养土。由于苗期短,营养土中不要掺化肥。种子处理方法如前所述。向苗盘营养土浇水,水渗下后密集

32

播种,然后将苗盘表面覆盖稻草或遮阳网,遮光保湿,出苗后去除覆盖物,育苗期间避免烈日暴晒。干旱时及时喷水。当幼苗长出连片真叶,且真叶的大小与子叶大小相当时,即可分苗。小苗分苗更易生根,分苗过晚,苗盘营养供应不足,幼苗会变黄
(图3-13)。

图3-13 用平底育苗盘作容器培育番茄小苗

②分苗 选平整地块,撒适量腐熟有机肥,然后翻耕土地,将肥土混匀,耙平。按15厘米间距开沟,浇透水(图3-14)。将番茄小苗移栽到沟的两侧,用手指将小苗的根系摁入泥中(图3-15)。然后在沟内撒潮湿细土,将幼苗根系覆盖(图3-16)。

图3-14 开沟后浇水

图3-15 栽苗

图3-16 覆土

③分苗后的管理　分苗后搭防雨棚，平时防雨棚四周揭起，遮光降温。下雨时将塑料薄膜盖严，防止雨水进入苗床（图3-17）。当幼苗达到适宜定植的大小时，用铁铲将幼苗带土坨挖出，放入盆、箱等容器中，运至栽培场地。

图3-17　在防雨棚下缓苗后的番茄幼苗

2.定植

（1）覆盖薄膜　定植前即应覆盖薄膜，但要留上下两个通风口，形成"天棚"状，进行大通风，这样既可防暴雨侵害，又可阻挡部分太阳辐射，降低温度，提高棚内空气湿度，改善温室小气候。先要清除温室内的前茬作物，将作物残体带到温室外深埋或烧毁，防止传播病虫害，扣棚并做好栽培畦后，还可密闭温室，进行高温闷棚，闷棚期间温室气温可达到55℃以上，能杀死多种病菌。

（2）整地做畦　定植前，浇大水冲刷温室土壤，几天后墒情适宜时，将腐熟的有机肥撒施在温室栽培畦表面（每667平方米施5 000千克以上），同时施入硫酸钾20千克，四元素复合肥50千克，而后翻地，将肥料混入土壤之中（图3-18）。

图3-18　撒肥后翻地

翻地后，按每667平方米撒50%多菌灵可湿性粉剂3千克，然后做畦，这样可避免发生因多年连作而引发的青枯病、枯萎病、茎基腐病等土传病害。

按130厘米间距做畦，将畦面耙平，先从栽培畦中间开沟，然后在沟的两侧各开1条沟，堆成双高垄。小行距40～50厘米，大行距70～80厘米，垄高10厘米，垄宽30厘米，暗沟宽20厘米。在浇水的暗沟上悬吊一根铁丝，以防覆盖

地膜后地膜贴在沟底阻碍水流。做好垄后，暗沟浇满水，根据暗沟浇水后留下的痕迹将两垄垄面整平，然后覆盖地膜，准备定植（图3-19）。

图3-19 双高垄

（3）定植操作 秋冬茬番茄在定植时气温较高，要选择阴天或晴天下午定植。采用双高垄栽培，膜下浇水，小行距40～50厘米，大行距70～80厘米。目前，生产上所栽培的品种多为无限生长型，且多采用单干整枝方式，株距通常确定为30厘米。定植时，先在地膜上打定植孔，然后按穴摆苗（图3-20），摆苗后用水壶点水，使幼苗根系与土壤弥合（图3-21）。全温室完成定植后，浇1次大水。对于徒长苗，可采用"卧栽法"定植，即将第一片真叶以下的部分水平横卧在定植穴内，幼苗顶部弯曲向上，露出地面，这样可减缓幼苗的长势，促进坐果。

图3-20 栽 苗

图 3-21 点 水

　　如果定植早,可采用平畦栽培,行距60厘米,每畦栽2行,不覆盖地膜,防止土壤温度过高,影响幼苗生长。

　　3.环境调控

　　(1)温度管理　秋冬茬番茄定植时,可使用冬春覆盖过的旧膜做棚膜,因旧膜已被污染,透光率明显降低,可起到遮挡强光的作用,以适宜番茄前期生长。如果开始不覆盖薄膜,而是等到进入10月份后再覆盖,则应使用新的聚氯乙烯薄膜,定植后要将温室前部薄膜揭起来(图3-22),顶部的通风口要全部揭开,进行昼夜大通风。在薄膜前部和顶部的通风口处,最好覆盖两块防虫网,预防棉铃虫等蛀果害虫以及温室白粉虱、美洲斑潜蝇等进入温室,这样既

图 3-22 栽培前期为降低温度,应打开全部通风口

可减轻当时的虫害，也能减少虫源，有利于后期防虫。当外界气温降低，害虫不能生存时，即可撤除防虫网（图3-23）。

图3-23　在温室通风口处覆盖防虫网

当外界夜间气温降到最低10℃～11℃时，将前部薄膜放下，10月中旬最晚11月初要覆盖草苫。入冬前，温室内白天保持25℃～30℃，夜间前半夜保持在15℃以上，后半夜12℃～15℃，以便温室贮存热量。入冬以后，天气渐渐寒冷，白天25℃～30℃，前半夜15℃～20℃，后半夜10℃。严冬时期中午最高28℃～30℃，午后25℃～23℃，20℃～23℃时关闭顶风口，16℃～18℃时盖草苫，凌晨温度10℃左右。在此期间如果遇到阴、雪天气或寒流入侵，最低保持8℃左右。浇水后，白天温度应比正常管理提高2℃～3℃，以降低相对湿度，这样做对防病有利，而且植物光合作用要求温度、湿度相协调，高湿条件下提高温度不至于造成高温危害，而更利于光合作用。

（2）空气湿度　在栽培后期，为降低空气湿度，预防病害发生，可在行间铺地膜，以减少地面水分蒸发（图3-24）。

图 3-24 行间铺地膜减少水分蒸发,降低空气湿度

4.水肥管理　定植前施足基肥且浇足定植水。从定植至第一穗花序开花坐果阶段一般不追肥,并适当控制浇水,不旱不浇,不覆盖地膜的要勤中耕,既保墒,又散湿。若植株有徒长趋势,可每隔7~8天连续喷洒60~100毫克/升助壮素溶液2~3次。

从第一花序坐住的果实似核桃大小时追第一次肥,每667平方米追施三元复合化肥15~20千克。在第二花序、第三花序坐住的果实如核桃大小时再各追1次肥,每次每667平方米追施尿素和硫酸钾各8~10千克,结合浇水冲施,或从大行间揭开地膜开穴或开沟埋施,然后将薄膜再次盖严,追肥后浇水。在浇水的间隔期内,保持表层土壤见干少见湿。在严寒冬季,要适当延长浇水间隔时间,一般每10~15天浇1次水。切忌浇水过勤和浇水量过大,造成空气湿度和土壤湿度过高,防止因低温高湿导致植株烂根和发生早疫病、叶霉病、灰霉病、菌核病等病害。在秋冬茬番茄结果期的后半期,为防止植株生长衰弱和促进果实膨大,除地面追肥外,还要叶面喷施高效氨基酸复合液肥、螯合微肥、磷酸二氢钾等肥料。在日照短气温低的12月至翌年2月,适时喷洒1%白糖溶液或0.2%~0.3%磷酸二氢钾溶液；或喷施复合肥，15~20天喷1次，连续喷2~3次，对预防茎腐病效果很好。

肥料的种类和配比要适宜，如果氮肥过多，植株缺硼，加上土壤干旱、低温，会使叶片里的光合同化物质不能很好地输送出去，聚集在叶柄处，促使叶柄上形成不定芽（图3-25）。对此，可用浓度为0.2%~0.5%的硼砂水溶液进行叶面喷施。在砂土上建设的温室，应注意施用硼肥，每667平方米施用硼砂0.5~1.0千克，与有机肥充分混合后施用。

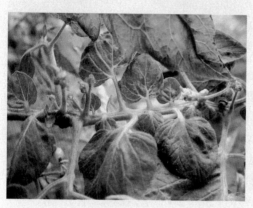

图3-25　缺硼导致叶柄上形成不定芽

通常采用膜下浇水方式，在温室后墙内侧开水沟，在靠近双高垄一侧的沟壁上，于每个畦口处埋一节塑料管作为进水口，浇水时打开，浇水后用塞子堵住，操作便捷，无需像露地栽培那样一到浇水时就要用铁锹扒畦口（图3-26）。冬季浇水、追肥要选晴天上午进行，以便浇水后通风、排湿。

图3-26　进水口

如果采用微灌带进行膜下灌溉，就无需做双高垄，可直接采用高畦栽培方式，在高畦中央铺1条或2条微灌带，畦面覆盖地膜，每个高畦上栽培两行番茄。

5.植株调整

（1）吊架与落蔓　在每个栽培畦上方沿栽培畦走向拉一道铁丝，铁丝的南端绑在拉杆上。在温室北部东西向拉一道铁丝，栽培畦上的铁丝北端可绑在这道铁丝上。铁丝上绑尼龙线，每棵番茄一根，尼龙线的下端可绑在番茄植株基部，但此法不安全，一旦田间操作不慎，容易将番茄连根拔起（图3-27）。最好在栽培畦表面沿畦走向再拉一道线，线两端绑在木橛上，尼龙吊线的下端绑在此线上，将每株番茄的茎蔓缠绕在吊线上（图3-28）。

图3-27　尼龙绳吊线引蔓

图3-28　吊线下端的固定方法

番茄植株生长速度快，要经常绕蔓。绕蔓时，一手捏住吊线，一手抓住番茄茎蔓，按顺时针方向缠绕（图3-29）。如果田间有感染病毒病的植株，则应先对健康植株进行操作，然后再处理病株，以防把病株的带病毒汁液传到健康植株上。

图3-29 绕 蔓

无限生长型的番茄植株生长速度快，生长点很容易到达尼龙吊线上端，为使其连续生长，应在摘除下部老叶后落蔓。落蔓时，先将绑在植株基部的吊线解开，一手捏住番茄的茎蔓，另一只手从植株顶端位置向上拉吊线。让摘除了叶片的番茄植株下部茎蔓盘绕在地面上，然后再把吊线下端绑在原来的位置，这样，生长点的位置降低，番茄就有了生长空间（图3-30）。

图3-30 落蔓后的番茄植株

还有一种吊蔓装置（图3-31），吊线很长，缠绕在一根弯折成"几"字形的铁丝上，下端绑在植株茎基部，或一根木橛上，或固定于与畦面平行的线上，落蔓时不用解开吊线下部的结，而是从下方放线。拉秧时将线回收。

图3-31 一种绕线装置

（2）摘除老叶 老叶处于弱光环境下，光合能力降低，消耗量增加，不仅成为植株的负担，而且导致植株郁闭，田间通风透光性变差，还容易引发病害。因此，要及时摘除老叶（图3-32）。摘叶后，植株最下部的叶片距离地面至少有20厘米的距离（图3-33）。

图3-32 为预防病害，减少养分消耗，要及时摘除植株底部的老叶

图 3-33　摘叶后的效果

（3）整枝打杈　选留一条或几条壮枝用于开花结果，而把其余的侧枝、腋芽都除掉。吊架番茄的最基本整枝形式是单干整枝，即只留一条主茎结果，其余侧枝、侧芽全部除掉。这种整枝方式的好处是植株养分集中，开花结果较早，第一穗果成熟早、上市早（图 3-34）。

图 3-34　在吊架栽培时通常采用单干整枝方式

番茄常用的整枝方式还有双干整枝，即除留主茎外，再保留一条紧邻第一花序的下位侧枝，其余侧枝侧芽都打掉。整枝打杈，不是见新芽就抹掉，而是应尽可能通过打权以促进植株生长和果实膨大，只摘除那些影响基本枝茎叶及果实透光性或长达15～20厘米以上的侧枝（图3-35）。

图3-35 为减轻劳动强度，可使用剪枝剪等工具进行操作

打杈时，要注意手和剪枝工具的消毒处理，以免传染病害。

（4）支架与绑蔓 除采用前述的尼龙绳吊架外，还可用竹竿、高粱秆等架材搭支架，常用的支架形式有人字架（图3-36）、四角架（图3-37）等，架要扎稳、扎牢，确保结果中后期能承受较大重量。这种架虽然牢固，但不能对植株落蔓，番茄生长空间受到限制，因此只能用于有限生长型番茄栽培，或冬春茬、秋冬茬等短季节栽培。对植株高大的无限生长型番茄，须把支架搭得高些。

图3-36 用竹竿搭的人字架

图 3-37　用玉米秸
搭的四角架

　　搭架后及时绑蔓，通常每隔 2~3 节就要绑 1 次蔓，采用"8"字形绑蔓法（图 3-38）。

图 3-38　"8"字
形绑蔓法

　　支架栽培时，可采用单干、双干或三干整枝方式。在每条枝干结 3~4 穗果时摘心，即在顶部的果穗上留 2 片叶后摘除生长点，以截留养分向果实转移，摘心操作通常在

拉秧前40天进行。对于不同的温室类型、栽培密度、浇水施肥量，要灵活确定整枝方式及留果穗数。

6.保花保果

（1）生长调节剂处理

①2，4-D处理　使用2，4-D防止番茄落花，促进番茄坐果时，应注意以下几点：一是浓度要适宜。适宜的2，4-D浓度为10~20毫克/升。高温季节采用低限浓度，低温季节采用高限浓度。使用高浓度的2，4-D容易产生药害，浓度偏高，涂抹花梗后，在涂抹处会出现褪绿斑痕，即通常所说的"烧花"，这些花大多会过早脱落（图3-39）。一旦发生因2，4-D浓度过高引起的药害，可通过浇大水，增加施肥量，促进植株营养生长的方法缓解。二是处理方法要合理。采用涂抹花梗的处理方法时，最好先在配好的药液中加入少量红色（或其他颜色）的颜料作标记，防止重复处理。然后用毛笔蘸药液，在花柄的弯曲处轻轻涂抹一下（图3-40），也可逐朵地涂抹在花朵的柱头上。如果2，4-D浓度过高，或重复抹花，或不管什么时期均采用相同的浓度，而不是随着温度的升高而相应降低浓度，处理后容易引起果实出现尖顶，形成桃形果（图3-41）。也可采用蘸花法，

图3-39　浓度过高导致"烧花"

图3-40 抹花

图3-41 桃形果

即把开放的花轻轻摁入2,4-D药液中,让整个花朵均匀地蘸上2,4-D药液,此法多在劳力不足的情况下采用,效果不如涂抹花梗法好(图3-42)。由于花上药液过多,容易出现桃形果。在处理过程中,如果2,4-D滴到嫩枝或嫩叶上,叶片会向下弯曲,僵硬细长,小叶不能展开,纵向皱缩,叶缘扭曲畸形(图3-43)。受害茎蔓凸起,颜色变浅。三是对同一朵花不要作重复处理,以避免花上的2,4-D药量过大而发生"烧花"。四是处理的时期应在花开放前后各1天。花蕾过小,耐药性较差,容易烧伤花蕾;处理过晚,花已开放多时,保花效果不理想,一般抹花时间最迟不要超过开花后48小时。

图 3-42　蘸花

图 3-43　叶片受害状

②番茄灵处理　番茄灵（防落素）是 2,4-D 的替代品，在一个花序有 2～3 朵花开放时用手持喷雾器喷 1 次即可，浓度为 25～30 毫克／升（或按说明），低温下浓度宜高，高温下浓度宜低（图 3-44）。另外，还可使用 20～30 毫克／升番茄丰产剂 2 号，在花序中有 3、4 朵花开放时蘸花或喷花，喷花时要对准花序，以雾滴布满花朵又不下滴为宜。

图 3-44　用番茄灵喷花，提高坐果率

（2）熊蜂授粉　　熊蜂是优良的授粉蜂，生活在温带地区和热带山顶冷凉地区，浑身上下密被绒毛，非常适宜授粉（图3-45）。北京农林科学院信息所北京永安信生物授粉有限公司（地址：北京市海淀区板井，邮编：100089，电话：010-51503382）培育了专用于温室蔬菜、果树授粉的熊蜂，正处于推广阶段。种植者可从该公司或经销商处购买。

图3-45　熊蜂（左）与普通蜜蜂（右）形态比较

7.采收

（1）催红　　低温弱光下，果实虽然能膨大，但因温度达不到果皮中茄红素生成的要求，致使番茄果实着色较慢，此时可对果实进行催红处理。

①株上涂果催红　　当果实长到足够大小，颜色由绿转白时，用800～1000毫克/升的乙烯利直接涂抹植株上的果实，注意要将乙烯利药液涂满整个果实，尤其不能漏掉萼片与果实的连接处。4～5天后果实即可转色。催红应注意以下问题：一是催红不宜过早。一般要求果实充分长大，果色发白时催红效果最好，如果果实尚为绿色，未充分长大，急于催红，易形成着色不均的僵果。二是催红药剂的浓度不宜过高。番茄催红通常使用剂型为40%乙烯利，常用浓度为50毫升加水4千克，充分混合均匀后使用。如药液浓度过高，会伤害基部叶片，使叶片发黄，出现明显的药害症

状。三是催红果实的数量一次不宜太多。单株催红的果实一般以每次1～2个为好。因为单株催红果实太多，受药量过大，易产生药害。四是避免药液沾染叶片。在具体催红过程中要认真操作，可用小块海绵，汲取药液，涂抹果实的表

面。也可在手上套棉纱手套，浸取药液擦抹果面（图3-46），不能让药液污染叶片，否则叶片发黄。

图3-46 在果实表面涂抹乙烯利催红

②采后浸果催红 采摘的果实必须到转色期（果顶泛白），从离层处摘下，贮藏的温度不能低于10℃，更不能受冻，否则会出现果实腐烂现象。催红时，用2 000～3 000毫克／升的乙烯利浸果1分钟，取出后沥去水分，放置在20℃～25℃的环境下，其上覆盖塑料薄膜，3天即可转色，可比正常生长者提前1周转红。这种处理方法对温度要求严格，温度低于15℃，转色速度慢；高于35℃，果色发黄，不鲜艳。

③全株喷药催红 在植株生长后期采收至上层果实时，可全株喷洒800～1000毫克／升的乙烯利，既可促进果实转红，又兼顾了茎叶生长。在采收最后一批果实前，用4 000毫克／升的乙烯利全田整株喷洒，可加快成熟，提高产量。

（2）脱叶囤果 秋冬茬番茄除正常采收外，到栽培后

期可采用脱叶囤果技术，产品在11月下旬至2月初上市。有一些温室到了栽培后期，病害蔓延，也可采用此法，摘除所有叶片，只留果实，以此抑制病情。

从秋冬茬番茄前期高温强光，后期低温弱光，准备进行脱叶囤果栽培时，必须选择耐热、抗病毒病、果大肉厚、耐贮耐运的宝冠、佳粉、毛粉802和白果强丰等品种。

到11月中旬至12月下旬，果实不再膨大，陆续进入着色期，为了使果实充分见光，应控制营养生长，逐渐将果实以下叶片摘除，通常到元月初将全部叶片摘掉，使果实挂在茎秆上慢慢自然着色（图3-47）。如果11月份自然着色果实量过多，考虑到延后采收，等高价时上市，可采取降温法延迟果实成熟时间，白天室内气温保持6℃～10℃，夜间3℃～5℃，空气湿度控制在65%～75%，使着色番茄在茎秆上保鲜，通常可延后20天再采取（图3-48）。

图3-47 脱叶囤果

图3-48 在较低温度下，已经着色的樱桃番茄果实仍能留在茎秆上保鲜

(三)越冬茬番茄栽培管理技术

1. **育 苗** 一般在9月上中旬至10月初播种育苗,大部分地区在露地播种,育苗畦上搭小拱棚,其上覆盖防虫网和塑料薄膜,播种后15~20天分苗,移入温室,栽于营养钵中,6~8片真叶时即分苗后20~25天定植。每667平方米用种量为25克左右。也可在温室育苗,直接在营养钵中播种。

种子处理及营养土配制方法同秋冬茬栽培。播种后临时覆盖地膜或无纺布(图3-49)。出苗期间,苗床温度白天保持在26℃~28℃,夜间20℃左右。大部分出苗后,傍晚揭去地膜,给予充足光照,同时降低苗床温度,以避免形成"高脚苗",白天适宜温度为22℃~25℃,夜间13℃~15℃;白天地温20℃~23℃,夜间18℃~20℃。

图3-49 播种后覆盖地膜以促进出苗

幼苗长到2片真叶时进行分苗,分苗太迟影响花芽分化(图3-50)。分苗前稍进行炼苗,白天可根据天气情况加大通风量,使温度保持在20℃~22℃,夜间保持在10℃左右,经3~4天后,幼苗颜色变为深绿或微带紫色时,即可选晴天将幼苗移栽到营养钵里。

图 3-50 刚完成
分苗的 2 片真叶
的番茄幼苗

分苗后提高床温，减少放风量，促进缓苗。从缓苗至
5~6 片叶期间，适量通风，温度白天控制在 20℃～25℃，
夜间 15℃～10℃，土壤发干时喷水，如叶色发淡可结合喷
0.2% 磷酸二氢钾。苗床浇水量要适宜，土壤含水量不宜过
低，防止幼苗老化。育苗后期，幼苗变大，相互拥挤，为防
止徒长，可将营养
钵拉开，加大钵间
距离（图 3-51）。

图 3-51 增大营
养钵间距，以防
幼苗徒长

2. 定 植

（1）整地、施肥、做畦　最好在立秋之后将温室薄膜
盖好，如果扣棚较迟，秋季多雨和气温下降会造成温室土

壤、墙体等储存的热量很快散失。

越冬茬番茄栽培期长，底肥要充足，以优质农家肥为主，或使用高效有机肥，每667平方米施肥量5 000千克以上，同时施入磷酸二铵50～75千克，过磷酸钙200～400千克，混入农家肥一起沤制。先按栽培畦翻耕土地，畦宽120厘米，畦埂作为操作通道。翻耕后将肥料撒入栽培畦中，与土壤混匀，耙平，然后起垄（图3-52）。

图3-52 翻耕土壤后撒施底肥

做双高垄，大行距80厘米，小行距40厘米（图3-53）。而后覆盖地膜，将来从两垄之间的浅沟里浇水（图3-54）。冬季温度较低时，大行间也可覆盖地膜，目的是减少土壤水分蒸发，降低室内空气湿度。

图3-53 做 畦

图3-54 覆盖地膜

（2）定植方法　选择连续晴天，在晴天上午定植。定植时按幼苗大小分级分开定植。缓苗后覆盖地膜。具体做法是，开定植沟后撒施肥料并与土壤混匀，将苗坨放入沟内稍埋土后顺沟浇小水，5～7天缓苗后沟内浇缓苗水，然后浅锄表土，在垄沟上拉铁丝，防止覆盖地膜后塌陷影响膜下浇水。覆膜时需在幼苗处划十字口将苗掏出，把地膜贴紧于地面。

如果定植期已晚，因土壤温度较低，可预先起垄，覆盖地膜，待几天后地温升高时，再用打孔器在地膜上打定植孔（图3-55）。冬季温室番茄提倡适当稀植，使土壤温度提高、空气湿度下降。适宜的株距应在33～40厘米。

图3-55　用打孔器打定植孔

为保证株距一致，可用手持式小型地膜打孔器在地膜上扎眼，确定定植孔的位置（图3-56）。

图3-56 带定距装置的手持式打孔器

打孔后按穴摆苗、浇水，水渗下后，从行间取土，培土封埯，以防膜下水分散失及滋生杂草（图3-57）。也可先摆苗、封埯，定植完后从膜下的暗沟中浇水，定植水中加入黄腐酸类肥料，以促进发根。为防止强光导致刚定植的幼苗萎蔫，可在定植时放下部分草苫，称为"回苫"（图3-58）。

图3-57 定植

图3-58 放下部分草苫，防止刚定植的幼苗萎蔫死亡

3.环境调控

（1）温度管理　从定植至缓苗期间，温室一般不通风，白天可达32℃左右，以促进缓苗。缓苗后降低温度，晴天控制在20℃～25℃，夜间15℃左右。缓苗后到坐果前这段时间，防止温度过高，及时调控室内温度（图3-59）。

图3-59　缓苗后注意放风降温

植株坐果后进入快速生长阶段，白天最高温可控制在25℃～26℃，前半夜15℃以上，后半夜10℃～13℃，以控制地上部生长，促进根系深扎，保持室内最低温度不低于8℃，偶尔短时间6℃～8℃也可以。

严冬季节，一般在刚揭开草苫时室内温度临时下降1℃～2℃为适宜（约日出后1小时左右），如果揭帘后室内温度马上升高，则说明揭苫时间太晚，下次应提早揭苫。温室内气温控制在白天20℃～30℃，当晴日中午前后温室内气温升至30℃以上时，即开顶部通风口小放风，换气排湿，适当降温，补充温室内的二氧化碳。日落前及时覆盖草苫等保温物。盖草苫时，室内温度为16℃～18℃，盖苫后室内临时升温1℃～2℃为宜，而后温度逐渐下降，夜间温室内气温保持在12℃～18℃。

凌晨短时间最低气温不应低于8℃，以免发生冷害。遇寒流天气，可用红外灯临时增温补光（图3-60），遇大雪天气，夜间加盖浮膜，既保温，又可防止积雪溶化水分浸湿草苫，白天雪停时及时揭去浮膜和草苫，争取散光照和晴光照。

图3-60 温室内用于增温补光的红外灯

2月中旬以后，天气逐渐回暖，晴日中午前后温室最高气温可达35℃以上。随着浇水量和植株蒸腾量逐渐加大，温室内空气湿度加大，要逐渐延长中午前后放风时间和逐渐加大通风口，顶部放风口和前部放风口全打开，使温室内白天气温保持在25℃～28℃，空气相对湿度不高于60%。但此期仍需加强夜间保温，使温室内夜间气温保持在15℃～18℃，最低夜温不低于12℃。

4月份正常天气时外界气温已适于番茄生长发育，应将天窗和前窗全部打开，昼夜通风。在晴日白天，可将温室前部薄膜撩起，并大开天窗，使棚内的空气温度、湿度、二氧化碳浓度基本与外界相同。华北地区有的年份清明还降雪，谷雨还有霜冻，因此，做好覆盖保温防寒准备。5月可将草苫等不透明保温物撤去。

自封顶类型早熟品种结果期持续到6月上中旬应拉秧倒茬。如果栽培的品种是植株无限生长类型的中熟、晚中熟品种，可将其结果期延续到7～8月份。要保留温室薄膜避雨，大开天窗和全开前窗，昼夜大通风，并在通风口设置避虫网，防止害虫迁入棚内。在棚膜外面加盖银灰色或绿色遮阳网，防止暴风雨侵袭和防止灼果脐腐。

（2）光照管理　低温季节要尽量提高温室光照强度。经常擦洗薄膜。遇阴雪天气，要拉揭开草苫，勤扫除棚膜上的积雪，争取散光照和刹那间光照。连续阴雪寒冷天气5～7天骤然转晴后，切勿把大棚草苫等不透光保温物全部揭开，

要采取间隔揭苫或放下草苫的办法(图3-61)，并对植株喷洒温清水的方法，防止萎蔫或死棵。

图3-61　回苫

冬季的太阳高度角小，光照强度较弱，可在温室后墙内侧张挂镀铝反光幕，以增加棚内反光照。

4.水肥管理　定植后5～7天后在地膜下的暗沟中轻浇1次缓苗水。浇缓苗水后，在第一花序开花坐果之前，不要轻易浇水，植株干旱时可只少量浇水，不准追肥。特别是从第一花序开花之后到第三花序开花之前，应严格控制浇水，

一般不浇水，以促使根系向土壤深层发展。中午生长点萎蔫时可顺沟少量浇水。当第三花序开花时，第一果穗的果实已有核桃大小，浇水施肥时，肥料和水分会向果实运输，不会导致植株徒长，此时可浇1次水，水量以渗透土层15～20厘米深为宜，每667平方米随水追施尿素10～15千克。

12月份至翌年1月份期间，气温、地温很低，日照短又弱，茎叶和果实生长很缓慢，所以要少浇水。缺水时只在暗沟浇小水。开始采收后，植株挂果增多，需要补充营养，应开始追施速效氮肥和磷、钾肥，一般每次每667平方米用磷酸二铵15千克、硫酸钾10千克，或氮、磷、钾复合肥，也可追施腐熟的粪肥。如果植株长势较弱或不便浇水，可进行叶面追肥，喷施0.2%的尿素和0.2%的磷酸二氢钾等，以增强植株生长势。

2月中旬以后天气渐渐转暖，应选晴天上午浇水，浇水量和浇水次数随着气温回升逐渐增加，春季每10～15天浇1次。掌握"浇果不浇花"的原则，以防止降低坐果率，即每穗花序的果实坐住后，分别追施1次催果肥。每667平方米冲施尿素、硫酸钾各6～8千克。

栽培后期，将地膜两边揭起，中耕7～10厘米深，并把中耕起来的土耱碎，然后将地膜拉回覆盖，以后随浇水施肥，中耕处就会密布生长出来的新根，使植株在结果后期不早衰。在植株最上部的花序坐住果，最后冲施肥料后，如果植株有早衰迹象，要喷施0.1%磷酸二氢钾、0.5%尿素溶液，每6～7天喷1次，连续喷2～3次。

5.植株调整　越冬茬番茄生长期长，一般采用单干整枝方式，也可采用摘心等果整枝方式。单干整枝方式只留一条主蔓结果，其余侧芽、侧枝都除掉，依定植期和拉秧期早晚可收获7～15穗果。

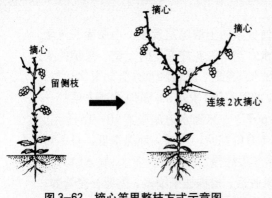

图3-62 摘心等果整枝方式示意图

摘心等果整枝方式(图3-62)，前期与单干整枝相同，主干留5～7穗果（2月中下旬)摘心，同时在植株上部留1条侧枝，连续摘心2～3次，每次摘心时必须留1枚叶片，使其从叶腋处发生侧芽，最后培养成结果枝，该果枝留3～5穗果后彻底摘心。摘心等果整枝方式利于密植和前期果穗红熟，以及5～6月份形成二次产量高峰，其关键所在是2月上中旬的摘心作业。由于摘心去掉了1月中下旬严寒期间分化的很可能长出畸形花、畸形果的花芽，既截留了植株养分，供给了下部果实促其红熟，又避免了畸形花和畸形果的出现，保证了果实质量。

另外，越冬茬番茄生长期长，应采用尼龙线吊架形式，具体方法同秋冬茬番茄。番茄生长中后期，落蔓时要注意尽量保持各株间顶端高度保持整齐一致。

6.保花保果 冬季温室环境中的温度、光照均不利于番茄正常的授粉受精，因此需要进行保花保果操作，处理方法同秋冬茬番茄，但冬季温度低，浓度宜稍高。可在温室内放蜜蜂授粉，方法同秋冬茬番茄，但要注意，温室夜间最低温度应保持在13℃以上，白天最高温度控制在35℃以下，否则，温度过低或过高均不利于花粉形成和花粉管萌发，授粉受精效果不佳。

要注意预防各种畸形果，畸形果的发生主要是番茄花芽分化及发育期间，养分和水分供应过于充足，土壤中速效养分含量过高,根系吸收的大量养分积累在生长点处,使植株体内养分积累过多,超过了正常花芽分化和发育所需的量,致使花器畸形,番茄心室数量增多,各心室发育不协调,生长不整齐,从而产生畸形果。各种畸形果发生的具体原因又有所不同。

指突果(图3-63)是在子房发育初期,由于营养物质分配失去平衡,而促使正常心皮分化出独立的心皮原基而产生的。由于多心室的子房发育不整齐,并且其中有一个花柱不能很好地和其他花柱愈合,就形成了指突果。

图3-63 指突果

多心果(图3-64)是由于多心室子房的花柱分为几部分,各部分不能很好地愈合在一起,而形成多心果。

图3-64 多心果

顶裂果（图3-65）是由于多心室子房受寒害后，整个花柱均不能很好地愈合而形成的。

图 3-65 顶裂果

窗缝果（图3-66）和开窗果（图3-67）是由于多心室子房与花药粘合在一起，并且在果实肥大期被撕裂而形成的。

图 3-66 窗缝果

图 3-67 开窗果

菊形果（图3-68）系心室数目多，但各心室发育速度不同而产生的，施用氮、磷肥过量或缺钙、缺硼时易产生菊形果。

图3-68　菊形果

营养条件差、本来要落掉的花虽经蘸花处理抑制了离层形成，勉强坐住了果，但因得到的光合产物少，长不起来或停止生长，就形成了豆形果（图3-69）。

预防畸形果，首先要注意选择耐低温弱光能力强，果实高桩形，皮厚，心室数变化较小的品种，如L-402、以色列、百利、西粉903、毛粉802等。其次，在幼苗花芽分化期，尤其是2～5片真叶展开期，要确保夜温不低于12℃，以防低夜温诱发畸形果；定植后白天温度保持在25℃～28℃，夜晚16℃～20℃。其三，要避免苗期营养过剩，尤其避免氮素营养过多，定植时浇足水，缓苗后浇一遍小水，开花坐果前，再浇一遍小水。第一穗果如鸡蛋大小时，再浇坐果水，以后

图3-69　豆形果

保持不干不湿。最后，要科学使用生长调节剂，尽量避免使用矮壮素、矮丰灵、增瓜灵、乙烯利等产生番茄畸形果的植物生长调节剂类药剂。发生畸形果后要及时摘除，以利于正常花、果的发育。

7. 采 收 冬季温室番茄因天气寒冷、光照较弱，果实膨大着色较慢，开花后需要60～70天才能缓慢红熟。为促进果实尽快成熟和减轻植株负担，可将果色转白或发红的果实采下，放到温暖地方或加盖棉被等保温材料，或喷洒乙烯利催熟。

（四）冬春茬番茄栽培管理技术

冬春茬番茄栽培技术与秋冬茬、越冬茬栽培有许多相同之处，这里只介绍其不同点。

1. 育 苗

（1）电热温床育苗 冬春茬番茄育苗期在12月上旬至翌年1月中下旬，温度低、生长慢，所以苗龄较长，应采用酿热温床、火炕温床或电热温床育苗，其中以电热温床管理最简单，温度也容易控制。

①铺电热线 如果育苗时秋冬茬蔬菜已经收获，可将苗床建在温室中部采光好的地块。

苗床面积根据用苗量而定。先划出苗床的边框，将床内地面铲平，浅翻耕，将土壤耙平，在苗床两端插小竹棍，间距8～10厘米(图3-70)。将电热线折成双股，将弯折处套在苗床一

图3-70 插竹棍

66

端中央的两根竹棍上,两股电热线分别向两侧呈"几"字形缠绕,这样可保证电热线的两头在苗床的一端,便于连接电源(图3-71)。

确定通电后即可埋线,先在插竹棍处开小沟,将电热线埋入,这样,当埋苗床中间的电热线时就更容易。然后在苗床上开小沟,将电热线全部埋入土壤中(图3-72)。

图3-71 铺电热线

图3-72 埋 线

②配制营养土 营养土的配制方法可参看秋冬茬栽培。配制前,先用筛子将有机肥和大田土过筛,按比例将大田土和有机肥堆积在温室内。为提高营养土肥力,每立方米营养土掺入氮磷钾复合肥2千克,每立方米营养土中还应掺入50%多菌灵可湿性粉剂或其他杀菌剂80~100克,杀灭营养土中的病菌。如果有条件,每立方米营养土中再掺入

10千克草炭效果更好。将各成分充分混合，然后倒堆两遍混匀（图3-73）。

图3-73 将各成分掺在一起，倒堆混匀

③装钵 将装好营养土的营养钵紧挨着整齐地摆放在苗床内，钵与钵之间不要留空隙，以防营养钵下面的土壤失水。在苗床中间每隔一段距离留出一小块空地，摆放两块砖，这样播种时可以落脚以便操作（图3-74）。

④播种及苗期管理 播种方法参见秋冬茬育苗部分。播种后覆土要均匀，覆盖一层地膜保温保湿，出苗后及时撤掉地膜，以免烤苗。营养钵内营养土的温度应在13℃以上，最低也不应低于10℃。育苗后期，还可酌情将苗钵拉开距离，保证幼苗通风透光（图3-75）。播种后80~90天即可定植，本茬的幼苗比秋冬茬幼苗略大，壮苗标准为苗高30厘米，叶片9枚，茎粗0.8~1厘米，根系发达。

（2）嫁接育苗 嫁接可有效地预防土传病害，适宜在那些多年连作，枯萎病、青枯病、茎基腐病等病害十分严重的温室中使用。

图3-74 摆放好营养钵的苗床

图3-75 育苗后期将营养钵拉开预防幼苗徒长

①砧木品种选择

兴津101 系山东省国外名优蔬菜良种示范园从日本引进的番茄嫁接专用砧木。抗青枯病和枯萎病，早期幼苗生长速度慢，根系发达，抗病抗逆性强。需比接穗早播5～7天。

超甜100 系湖北省宜昌市农科所从荷兰引进的樱桃番茄品种。根系发达，高抗病虫，茎秆粗壮，长势极旺，适合周年生产，可作为大果型番茄嫁接砧木。

早魁 系我国早期抗病选育而成的早熟番茄种。因果型小，丰产性已逐渐衰退，但其抗病性好，早熟特性极佳，可做早熟栽培的砧木。

LS-89 该品种主要抗番茄青枯病和枯萎病。早期幼苗生长速度中等，茎较粗，根系发达，生长势强，易嫁接。如采取劈接法，需比接穗早播3～5天。适合保护地及露地栽培。

②播种育苗 为了使嫁接时砧木和接穗大小协调一致，应注意确定砧木和接穗的播种先后及间隔时间。采用靠接法，砧木和接穗需同时播种；采用劈接法或斜切接法，砧木需提早3～7天播种；采用插接法，砧木需提早7～10天播种。

砧木种子和接穗种子的消毒、浸种、催芽方法参照前述,完成种子处理后直接在苗床上播种,播种时先用30℃～40℃的温水浇足浇透底水,待水渗下后,撒上一层药土,再把种子均匀地撒播在苗床上,覆盖药土厚1厘米左右。播种要均匀,不能过密,每平方米可播种子20克。播种后铺上地膜或无纺布保湿,出苗后立即揭掉。

出苗前主要是维持较高的土温,在种子拱土前一般不浇水。出苗到第一片真叶破心是番茄苗易徒长时期,应经常擦拭透明覆盖物,适当延长苗床受光时间,拔掉过密的幼苗,降低温度2℃～3℃,白天保持20℃～25℃,夜间10℃～15℃。第一片真叶出现后,白天温度保持25℃～28℃,夜间16℃～18℃。

当幼苗有2叶1心时要进行1次分苗,扩大苗距,以满足幼苗进一步生长发育对营养和光照的需要。同时,分苗时会切断主根,从而促进侧根的发育,有利于培育壮苗。

随着幼苗的生长,适当加大通风量。苗期要防止床上过湿,并喷施1～2次杀菌剂防止"倒苗"。

③嫁接方法　嫁接适期决定于采用的嫁接方法有关。靠接法要求砧木、接穗的大小和茎粗基本相同,砧木和接穗具4片真叶时为嫁接适期(图3-76)。

靠接的嫁接的部位在第一片真叶和第二片真叶之间。先去除砧木的生长点(图3-77),然后用锋利的刀片

图3-76　达到嫁接标准的幼苗状态

图 3-77 切去砧木生长点

切嫁接口，砧木是从上向下斜切，呈舌楔形（图 3-78）；接穗是从下向上斜切（图 3-79）。切口的深度可略超过茎粗的 1/2，将接穗切口插入砧木切口内，使两个接口嵌合在一起，再用嫁接夹固定（图 3-80）。

④嫁接苗的管理　嫁接苗接口愈合的适宜温度为白天 25℃，夜间 20℃，在早春嫁接，最好将移栽有嫁接苗的营养钵放置于电热温床上。嫁接后的 5～7 天内，空气湿度要保持在 95% 以上。摆放嫁接苗前，要在苗床上浇水，嫁接后覆盖小拱棚，密闭育苗场所，4～5 天内不通风，第五天以后选择温暖且空气湿度较高的傍晚或早晨通风，每天通风 1～2 次，7～8 天后逐渐揭开小拱棚薄膜，增加通风量，延长通风时间。嫁接后的前 3 天要全部遮光，以后半遮光，随着嫁接苗生长，逐渐撤掉覆盖物，成活后转入正常管理。

图 3-78　砧木切口

图 3-79　接穗切口

图 3-80　砧木与接穗的切口相互嵌合并用嫁接夹固定

　　接口愈合后要摘除砧木萌芽。因为嫁接时切去了砧木生长点，会促进砧木下部的侧芽萌发，特别是接口愈合时经过高温高湿遮光的环境条件，侧芽更易萌发。嫁接苗成活后接穗开始生长时，将接口下面的接穗茎剪断，即断根（图3-81）。为预防倒伏，应立杆或支架绑缚。当伤口愈合牢固后要去掉嫁接夹，去夹时机要适宜。去夹时间过早，不利于接口的愈合，去夹过晚，则影响嫁接苗幼茎的生长增粗。

　　2.定植及定植后管理　　冬春茬番茄栽培中后期，易发生脐腐病，在果实乒乓球至鸡蛋大小的幼果期，果实顶部呈水浸状，病部暗绿色、深灰色或灰白色，有时有同心轮

图3-81 断根

纹，多为圆形，有时为边缘平滑的不规则形（图3-82），随病情发展很快变为暗褐色，果肉失水，顶部扁平或凹陷，病情深入果肉。果皮和果肉柔韧，一般不腐烂，空气潮湿时病果常被某些真菌所腐生，表面产生黑霉。发病严重时会造成大量落果（图3-83）。

脐腐病是由于水分失调导致缺钙造成的，要注意均衡供水，土壤湿度不能剧烈变化，避免一次性大量施用铵态氮化肥和钾肥。进入结果期后，进行叶面补钙，每7天喷1次0.1%～0.3%的氯化钙或硝酸钙水溶液，每星期2～3次。也可连续喷施绿芬威3号等钙肥，可基本避免发生脐腐病。

另外，春季番茄还容易出现大量放射状纹裂果以果蒂为中心

图3-82 果实顶部的病斑不一定为圆形，有时呈边缘平滑的不规则形

图3-83 脐腐病
会导致大量落果

出现裂纹,并向果肩部延伸,果实呈放射状开裂。病情一般始于果实绿熟期,先出现轻微裂纹,转色后裂纹明显加深、加宽(图3-84)。这主要是高温、强光、干旱等因素使果蒂附近的果面产生木栓层,果实糖分浓度增高,当久旱后突然浇水过多,植株迅速吸水,使果实内的果肉迅速膨大,膨压增高将果皮涨裂。对此,应注意选择抗裂性强的品种,合理浇水,避免土壤忽干忽湿,番茄裂果与钙和硼的吸收也有关,钙、硼供应不足可引起裂果,要及时补充钙肥和硼肥。

图3-84 番茄
放射状纹裂果

四、病虫害防治

（一）病害防治

1.番茄早疫病

【症状】叶片受害初期出现针尖大小的黑褐色圆形斑点，逐渐扩大成圆形或不规则形病斑，具有明显的同心轮纹，病斑周围有黄绿色晕圈，潮湿时病斑上生有黑色霉层（图4-1）。茎及叶柄上的病斑呈椭圆形或梭形，黑褐色，多生于分枝处。果实通常在绿熟期之前（青果）受害，多在花萼或脐部，后期在果柄处，形成黑褐色近圆形凹陷病斑，病部密生黑色和白色霉层（图4-2）。发病后期，茎基部病斑绕茎一周，植株枯死，产量大幅度降低。

图4-1 番茄早疫病病叶

图4-2 番茄早疫病病果

【防治方法】 进行种子消毒。可在定植前对温室进行熏蒸消毒，每立方米空间用硫磺粉6.7克，混入锯末13.5克，分装后用正在燃烧的煤球点燃，密闭棚室，熏蒸一夜。发病初期，可选用的药剂有70%乙磷·锰锌可湿性粉剂500倍液，72.2%普力克水剂800倍液，50%福美双可湿性粉剂500倍液，75%百菌清700倍液可湿性粉剂，25%甲霜灵可湿性粉剂600倍液，20%苯霜灵乳油300倍液，25%甲霜灵·锰锌可湿性粉剂600倍液喷雾。每隔5～7天喷1次，连喷2～3次。对茎部病斑可先刮除，再用稀释10倍的2%农抗120药液涂抹，防效甚佳。

2.番茄叶霉病

【症状】 初期叶片正面出现边缘不清晰的微黄色褪绿斑（图4-3），而后在叶片背面对应位置长出灰白色后转为紫灰色的致密的绒状霉（图4-4）层。条件适宜时，叶面病斑上也

图4-3　叶面上的微黄色褪绿斑

图4-4　叶片背面致密的绒状霉

长有同样的霉层。发病严重时，叶片上布满病斑并连片，叶片卷曲、干枯。

【防治方法】 选用鲁粉2号、鲁番茄4号、辽粉杂3号、中杂7号、L402、毛粉802等抗病品种。用55℃温水浸种30分钟或其他方法进行种子消毒。用无病土壤配制营养土，在定植前要进行环境消毒。发病初期可选用50%敌菌灵可湿性粉剂500倍液，70%代森锰锌可湿性粉剂1000倍液，60%防霉宝可湿性粉剂600倍液，50%多硫悬浮剂700倍液，40%百菌清可湿性粉剂500倍液，50%苯菌灵可湿性粉剂1000倍液喷雾。每7天喷1次，连续喷2～3次。也可每667平方米用40%百菌清烟剂300克熏烟。

3.番茄灰霉病

【症状】 在一年中温度最低时期发生，尤其是连续阴天的情况下易发病。叶片感病后从叶缘开始向叶片内部产生淡褐色至灰褐色"V"字形病斑，水浸状，并有深浅相间的轮纹，表面生灰色霉层，潮湿时病斑背面也产生灰色或灰绿色霉层，叶片逐渐枯死（图4-5）。果实发病时，病菌多从残留的花瓣、花托、雌蕊花柱等处浸染，逐渐向果实和果柄扩展，病部果皮灰白色水浸状，变软腐烂，病部边缘不明显，后期长满致密灰色至灰褐色霉层（图4-6）。新梢染病时常枯死（图4-7）。

图4-5 病菌从叶尖侵染，病斑逐渐向内扩展，呈"V"字形

图4-6 病菌从花托处浸染，病部密生灰霉

图4-7 新梢枯萎

【防治方法】 日出后温度开始升高时及时通风排湿，避免叶面常时间结露，通风后闭棚，近中午时再放风。发病初期，可选用50%多菌灵可湿性粉剂500倍液，75%百菌清可湿性粉剂600倍液，45%特克多悬浮剂3 000倍液，50%混杀硫可湿性粉剂500倍液，50%农利灵可湿性粉剂2 000倍液，65%甲霜灵可湿性粉剂1000倍液，50%灰霉宁可湿性粉剂500倍液，60%灰霉克可湿性粉剂600倍液喷雾，每隔7天左右喷1次，连喷3～4次。

也可每100立方米温室空间用3%特克多烟雾剂30克熏烟。

（二）虫害防治

1.棉铃虫

【为害特点】 以幼虫蛀食蕾、花、果为主，也为害嫩茎、叶和芽。花蕾受害时，苞叶张开，变成黄绿色，2～3天后脱落。幼果常被吃空或引起腐烂而脱落。成果虽然只被蛀食部分果肉，但因蛀孔在蒂部，便于病菌侵入引起腐烂、脱落（图4-8，图4-9）。

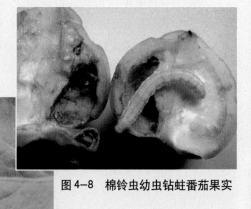

图4-8 棉铃虫幼虫钻蛀番茄果实

图4-9 棉铃虫成虫

【防治方法】 一般在番茄第一穗果长到鸡蛋大时开始选用2.5%功夫乳油5 000倍液，或10%菊·马乳油1500倍液，或20%多灭威乳油2 000～2 500倍液，或4.5%高效氯氰菊酯3 000～3 500倍液，或40%菊·杀乳油3 000倍液喷雾，每周喷1次，连续喷3～4次。

2.温室白粉虱

【为害特点】 温室白粉虱成虫（图4-10，图4-11）和若虫吸食植物汁液，被害叶片褪绿、变黄、萎蔫，甚至全株死亡。此外，它还能分泌大量蜜露，污染叶片和果实，导致煤污病的发生，造成减产并降低番茄商品价值。白粉虱亦可传播病毒病。

【防治方法】 天气转暖，温室通风口处要覆盖防虫网，防止外界白粉虱进入温室，然后将温室内的白粉虱熏杀干净。一旦发生白粉虱，可选用2.5%溴氰菊酯乳油2000～3000倍液，10%扑虱灵乳油1000倍液，2.5%灭螨猛乳油1000倍液，毙螨灵乳油1500～2000倍液，2.4%威力特微乳剂1500～2000倍液等喷雾防治。黄色对白粉虱成虫有强烈诱集作用，在温室内设置黄板（1米×0.17米纤维板或硬纸板，涂成橙黄色，再涂上一层机油），每667平方米设置32～34块黄板于行间，与植株高度平齐，7～10天重涂1次机油。诱杀效果显著。

图4-10 温室白粉虱成虫

图4-11 聚集在番茄叶片背面为害的温室白粉虱